꼬마탐정 차례로 거울 속의 이스터 에그

誰偷了法貝熱彩蛋

科學天才小偵探 5

金容俊 김용준 著

崔善惠 최선혜 繪

吳佳音 譯

登場人物

車禮祿

十三歲，科學天才。任何事皆以科學的方式分析、推理。喜歡整齊和乾淨。

羅迪博士

文化遺產專家。願望是能和相愛的人結婚，討厭被叫羅單身。

羅會長（73歲）

利用撿回收的錢買地，
變成有錢人。興趣是收
藏名畫和名牌貨。

麗娜（21歲）

高中畢業，是羅會
長的管家，打理他
的生活。在育幼院
長大。

羅藝敏（37歲）

羅會長第二個兒子。去俄羅斯留學，聰明又難伺候。

羅台豐（40歲）

羅會長的大兒子。是一名軍官，因為無法晉升而退役。

羅順海（29歲）

羅會長的小兒子。努力成為牧師，單純又溫和。

姜刑警（47歲）

當地的警察局局長，因人
手不足而親自出任務。

律師（42歲）

長期為羅會長處理有
關法律事務。

法貝熱彩蛋的故事

法貝熱（1846～1920年）是誰呢？

法貝熱是歐洲著名的裝飾藝術泰斗。裝飾藝術風格包含放射狀的線條、優美的幾何造型及簡潔的顏色，使得建築或物品呈現豪華的美感。法貝熱還做珠寶設計和工藝。1866年，他在他父親位於俄羅斯聖彼得堡的工作室學習珠寶工藝。法貝熱很特別，比起當時流行的設計風格，他設計出不同的裝飾品，其中以復活節彩蛋最有名。

© 法貝熱博物館

沙皇小母雞彩蛋

（1885年，法貝熱博物館藏品）

最早的法貝熱彩蛋，是1885年由俄羅斯帝國的皇帝——亞歷山大三世（1845～1894年）委託，要送給費奧多蘿芙娜皇后的復活節禮物。白色琺瑯外層的蛋殼裡面有金色的蛋黃；打開蛋黃的話，可以看見一隻小巧的金母雞。小母雞的眼睛是紅寶石做的，如果從小母雞的下巴按下去，就會出現以鑽石裝飾的迷你皇冠，皇冠裡有紅寶石做成的微型吊墜，這是從俄羅斯傳統套娃得到的靈感。這顆彩蛋深受皇后的喜愛。因此每到復活節，亞歷山大三世都委託法貝熱製作彩蛋，唯一的條件是彩蛋必須有驚喜的元素。

法貝熱為什麼製作彩蛋？

1865年，當時為俄羅斯皇儲的尼古拉死於肺結核，他的弟弟亞歷山大因此成為皇儲。但是尼古拉離世前已和丹麥公主達格瑪訂婚。1866年亞歷山大成為皇儲，並代替哥哥娶達格瑪公主為妻，「費奧多蘿芙娜」是她結婚後的俄羅斯名字。

一開始，費奧多蘿芙娜並不喜歡高大威猛的亞歷山大皇儲，但是不久之後，對他的善良和溫柔打開了心房。

1881年亞歷山大繼位，成為亞歷山大三世。1883年舉行加冕儀式後，費奧多蘿芙娜成為皇后。但是費奧多蘿芙娜皇后非常想念她的家鄉——丹麥，因為不能經常回丹麥，使得她總是愁容滿面，只有當她看到復活節彩蛋時，臉上的表情才會開朗，這讓她想起小時候在故鄉看過的復活節彩蛋。看到她這個樣子，亞歷山大三世非常想讓她感到快樂。「如果送她一顆彩蛋形狀的珠寶呢？」，他就找來了當時最傑出的珠寶工藝師——法貝熱。

法貝熱花了好幾個月的時間完成了彩蛋珠寶。

© 法貝熱博物館

皇家加冕彩蛋

（1897年，法貝熱博物館藏品）

1894年亞歷山大三世去世後，他的兒子尼古拉二世也把復活節彩蛋，當成禮物送給妻子和母親。法貝熱用復活節彩蛋紀念羅曼諾夫王朝和俄羅斯的歷史，例如：1906年的彩蛋是仿照莫斯科克里姆林宮製作的。

1897年，製作了尼古拉二世皇帝的加冕儀式彩蛋，就是廣為人知的「皇家加冕彩蛋」。金黃色的蛋裡面裝著俄羅斯皇室加冕儀式時的馬車。

©Wartski

第三帝國彩蛋

（1887年，個人收藏）

1885年至1917年間，為了兩個皇后製作的法貝熱彩蛋共有50個，其中有8個下落不明。消失的彩蛋中包含1887年紀念復活節的第三帝國彩蛋。第三帝國彩蛋是以黃金、藍寶石及鑽石裝飾的驚人之作。

1964年，在紐約的拍賣會上出現一個裝有時鐘的彩蛋工藝品，以2,450美元的價格賣出。（約為現在的新臺幣64萬元）。

40年後，這顆彩蛋再次出現在美國中西部的跳蚤市場，以13,000美元被廢鐵業者得標。2014年廢鐵業者在熔化彩蛋前做了調查，發現它竟然是消失的「第三帝國彩蛋」。後來第三帝國彩蛋透過英國寶石公司以3,000萬美金的價格（約新臺幣8億7千萬元）賣給了Wartski。如此一來，俄羅斯皇室的第43顆復活節彩蛋的下落被查明，剩下的7顆會在哪裡呢？

法貝熱不只是做出一顆彩蛋的黃金，而是賦予彩蛋特別的意義。他將彩蛋的外表施以精美的裝飾，有的年代還放入因機械裝置而會移動的裝飾品，表現了裝飾藝術的最高境界。因此，法貝熱的彩蛋被視為藝術品的極致。

第一個法貝熱彩蛋的外表是白色的，打開蛋殼後，可以看到金色的蛋黃。蛋黃裡還有一隻紅寶石眼睛的金母雞。此外，如果打開其他的彩蛋，則可以看到美麗的珠寶、精巧模樣的馬車或船。

1885年復活節，亞歷山大三世把彩蛋送給皇后費奧多蘿芙娜，皇后非常高興。因此復活節送彩蛋成為俄羅斯皇室30年來的傳統。如果1917年沒有發生俄羅斯革命、皇室沒有消失的話，說不定這項傳統還會維持至今。

法貝熱交給俄羅斯皇室的彩蛋50顆，目前只有42顆分別在俄羅斯克里姆林宮、英國皇室、美國企業等地方。2003年，美國企業家族把180件法貝熱的作品，賣給俄羅斯的企業家，其中就包含9個法貝熱彩蛋，而得到超過一億美元的收入。

2007年，有一顆法貝熱彩蛋在倫敦拍賣會上以1,650萬美元的價格售出，在當時可是個驚為天人的數字。

其他不為人知的彩蛋，是否被藏起來了？幸運的是，其中一個已經出現了，一位美國廢鐵商在跳蚤市場買了一個彩蛋模樣的裝飾品，它就是「法貝熱彩蛋」的真品。

1920年9月24日，製作這些優秀藝術品的法貝熱，流亡於瑞士時去世。至今他仍被稱為歐洲最傑出的裝飾藝術大師。

© 埃爾米塔日博物館

羅斯柴爾德彩蛋（1902年，埃爾米塔日博物館藏品）

1917年俄羅斯革命之前，法貝熱的復活節彩蛋共製作69顆。除了為俄羅斯皇室製作之外，還有羅斯柴爾德家族等幾大豪門。「羅斯柴爾德彩蛋」是法貝熱為羅斯柴爾德家族製作的12件作品中之一，它在2007年的佳士得拍賣會上出現。在羅斯柴爾德家族度過105年的歲月、玫瑰色的外表有一個時鐘，每隔一小時，彩蛋的頂部會出現一隻以鑽石做的公雞。

這顆彩蛋被藝術收藏家兼俄羅斯國家博物館館長亞歷山大·伊萬諾夫標下，當時還創下俄羅斯工藝品的最高競標價紀錄。

目錄

序幕

寒冷的冬天，有一幢豪宅矗立在氣溫攝氏零下二十度的山上，除了從別館要上山的路旁有一間雞舍外，附近就沒有其他的房子了。

豪宅內住的人，是當地聞名的羅標石會長。羅會長年輕時，靠著撿回收而累積財富。他挑剔又難伺候的個性，即使遇上雞毛蒜皮的小事，也能讓他勃然大怒，所以大家都離他遠遠的。他的太太過世後，

三個兒子也離開家，一年能見一次面就已經算很多了。

豪宅裡除了羅會長，還有一名管家。她不只照料羅會長的生活所需，還要準備羅會長的三餐。管家的外貌非常漂亮，在她還是學生時，有很多經紀公司想發掘她，但她都拒絕了。對她來說，能夠幫助人才是有意義的事情。她在育幼院長大，剛滿二十歲的時候，便來到羅標石會長家工作。管家在羅標石會長用完晚餐後，便會到市區採買一些日常所需，即使步行的路程需要三十分鐘，且回程時天色漆黑，她卻沒有任何的抱怨。

跟平常一樣，管家晚餐後就外出採購了。羅會長在客廳的書架上拿了一本書，走進自己的臥室。臥室裡有床和椅子，臥室的門是很厚的金屬門。羅會長認為全世界的人都覬覦他的財產，一定會有人來攻擊他，並且奪走他所有的東西。所以進到臥室後，馬上就從裡面把門鎖上，嚴密的就像一間密室，只有三層樓高的天花板一角裝設的排風扇可以讓室內空氣流通。羅會長每天睡前總會坐在椅子上看書，年輕時因為拾荒而無法學習的遺憾，他想要透過每晚的閱讀來彌補。

隔天早上，做好早餐的管家敲了敲密室的門，但是門沒有打開。

「會長！會長！」

叫喊多次後還是沒有回應，直到救護車和警察到達後才破門而入。一打開門，可以感受到室內的一股熱氣，熱到會讓人流汗。而羅會長已經變成一具沒有氣息的屍體躺在地上，好像是頭部遭重擊而頭破血流，但是周圍並沒有東西可以用來當作兇器。在沒有人可以進去的密室裡，這件事是怎麼發生的？連刑警們也搖了搖頭表示不解。

1 突然傳來的家族訊息

在不知是白天還是夜晚的家裡，放在桌上的手機突然響起。睡在沙發上的人被嚇了一跳而跌落到地上。

「唉唷……」

羅迪揉著惺忪的雙眼，接起了電話。

「你大伯過世了。」

大伯平常和自己的孩子幾乎沒有聯絡，一個人住，他在意的只有錢。幾年前，羅迪的爸爸過世時，他連喪禮都沒參加。

「那個人啊，你是他的姪子，還是去看看吧！」

長輩過世了，晚輩哪有不出現的道理。接近中午的時候，羅迪找出一套黑色西裝穿上，正要出門時，門鈴響了。一打開門，背對著陽光的車禮祿站在那裡。

「嗯？你怎麼會在這裡？」

車禮祿不發一語的播放手機裡的影片，影片裡出現車禮祿的爸爸媽媽，車爸爸笑容燦爛的揮著手。

「朋友！我和太太要去歐洲參加研討會半個月，雖說是研討會，也算是我們結婚十四週年紀念之旅，所以我們禮祿會去找你。聽他的

講述的感覺，他好像很喜歡跟你在一起，好啦，麻煩你了！」

影片結束，羅迪試著搞清楚狀況。

「什麼？就這樣？又把自己的孩子丟給我？」

「我是那種需要請人照顧的孩子嗎？」車禮祿說。

「不然是叫我跟你一起去玩嗎？」

車禮祿用手托著下巴。

「也不是不可能，因為跟博士在一起的時候，真的發生很多有趣的事情。現在您要去哪裡？」

「你先想想有什麼別的地方住，爺爺奶奶家？外公外婆家？舅舅

伯伯或阿姨姑姑呢？」

一輛汽車行駛在白茫茫農田之間的公路上，雪從昨天晚上下到今天凌晨。羅迪不停的打噴嚏，坐在他旁邊的車禮祿說：

「現在要去的地方好像很冷，只穿西裝可以嗎？」

「我還有穿發熱衣，這樣穿才會有型！」

「又不是要去參加什麼時裝秀。」

「時尚是不分時間和地點的，車禮祿，你懂什麼？」

通過一條長長的隧道後，車子駛進了一座小城，導航路線的提示

聲音停止了。

「欸！怎麼會這樣？是因為這裡的山太多嗎？」

羅迪敲了敲導航。車禮祿說：

「導航是跟空中的人造衛星通信，使用GPS不會因為山的數量而被影響。」

「知道，我也知道！」

羅迪再次用手按導航，畫面竟全黑了。

「難怪說便宜沒好貨。」

羅迪在處理導航的時候，車子也正開往市區。街道兩旁林立著各

式各樣的商店。車子向右轉，突然有一個人從生魚片店和冰淇淋店之間的巷子裡走出來。羅

迪緊急煞車，按下窗戶喊道：

「欸！怎麼不看路就突然跑出來？」

女子嚇了一跳，慢慢的轉過頭。陽光照射著她的長髮，閃閃發亮，那是一個擁有白皙的臉龐和深邃眼睛的女子。即使是寒冷的冬天，女子的手上卻拿著冰淇淋，羅迪急忙下車。

「哎呀！是我的錯，我第一次開這條路，應該要小心一點的。」

「我應該要先看路再走出來的。」

女人很抱歉的低著頭，羅迪看著她傻笑著說：

「我的大伯去世了，我第一次來這裡。剛剛真的很抱歉，都是導航的問題，請問妳知道怎麼去竹林公館嗎？」

「我正好要去那個地方。」

「那就跟我們一起去吧！」

羅迪坐回駕駛座，女子猶豫了一下，坐進了後座。

「請不要跟別人說我剛剛在吃冰淇淋。」

「為什麼？吃冰淇淋是很正常的一件事啊！」

坐在前座的車禮祿說：

「看來姊姊很喜歡吃冰淇淋！」

「我小時候待的育幼院離這家店很遠，所以不能常常出來吃。」

車子沿著竹林間的道路繼續開，一座雪白的山映入眼簾，除了幾棵松樹，其他的樹都落葉了。車子開到半山腰時，有一間房子四周是高牆和鐵門，就像是與世隔絕著。車子一開到門前，大門緩緩打開了。

「我們還沒有按門鈴，門就開了？」

正當羅迪感到驚訝的時候，車禮祿說：

「姊姊應該是住在這裡吧？」

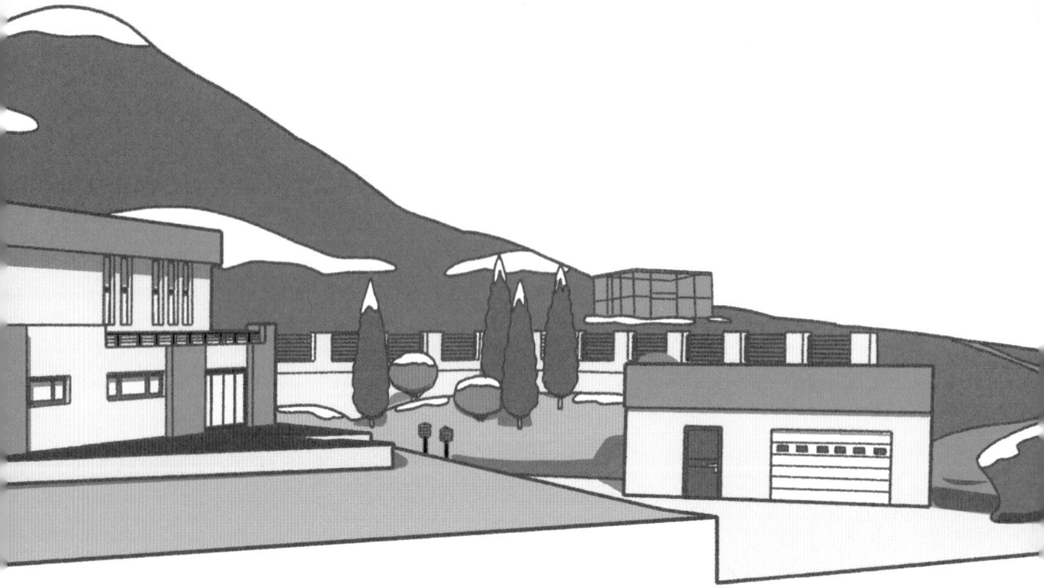

女子看著車禮祿，微笑點點頭，手上還拿著小小的遙控器。

「我是羅會長的管家，住在這裡、服侍著會長。我叫麗娜。」

寬廣的院子裡停著幾輛車，羅迪把車停在角落的空位，三人下車後站在

房子的前面，房子中間是凸起來的，有三層樓高。

羅迪搔搔頭。

「呵呵，這房子看起來很奇怪，連水塔都有！」

「那不是水塔，而是挑高的空間。」

在房子側面稍遠處，有一間小型的別館。別館

旁邊有一道牆，隔住了通往山上的路。那條路的旁邊，可以看到一個用鐵絲網做的雞舍。麗娜站在東張西望的羅迪旁邊。

「請跟我來！」

「大門不用關上嗎？」

「先開著沒關係，或許還有其他的客人會來。」

車禮祿和羅迪跟著麗娜走進房子裡，玄關旁邊有樓梯通往二樓。

「二樓有一間客房，但請先到一樓的客廳吧！」

麗娜換上拖鞋後，他們跟她走進客廳。客廳裡有一個西式的壁爐，壁爐上方掛著一個鹿頭。

「哎唷！我怕會夢到那個，有點可怕。」

羅迪看到鹿頭標本，嚇了一大跳。

「那是會長生前的其中一個收藏品。」

壁爐旁有一個書櫃，書櫃旁的通道有三條限制出入的警示帶。黑暗的通道裡，有一個金色的鐵門緊密，那是一間密室。客廳中間有兩張相對放置的長沙發，有一名男子坐在沙發上，他看到羅迪便起身。

「羅迪哥？真的好久不見！」

羅順海是羅會長三個兒子中最小的一位，就像他的名字一樣，個性善良很單純。相反的，大兒子羅台豐，他的聲音很大，外型看起來

很粗獷。二兒子叫做羅藝敏，凡事挑剔敏感。

「哇！這不是順海嗎？上次見到你的時候還是學生呢，到現在有十年了吧！」

「對啊，但好像是昨天剛見過

NOT CROSS
POLICE LINE DO

一樣，我這幾年正在學習成為一位牧師。」

麗娜從兩人身邊經過，感覺光線不太亮，於是拉開了窗簾，陰暗的客廳變得明亮起來。

「羅迪哥結婚了嗎？」看到車禮祿的順海問道。羅迪怕麗娜誤會，搖了搖手。

「還沒啦！他是朋友的孩子，託我暫時照顧而已。」

「您好，我叫車禮祿。」

「你好，一路來到這裡，真是辛苦了，吃午餐了嗎？」

「還沒。」

聽到這個答案，麗娜摟著車禮祿的肩膀走向廚房，讓他坐在桌旁。

把雞蛋打到平底鍋上後，麗娜說：

「這是從山上的雞舍拿回來的雞蛋，比大都市的好吃很多喔！」

車禮祿詢問在準備食物的麗娜。

「這個餐桌怎麼有這麼多椅子？」

「因為管理的人偶爾會來。」

麗娜拿著長頸水壺把水倒在車禮祿的茶杯裡，她右手握住把手，左手壓著蓋子，看起來架勢十足。

「用餐愉快！」

羅迪和順海在客廳聊天，三兄弟中的大兒子台豐比羅迪年長，二兒子藝敏和羅迪一樣大。羅迪只喜歡最小的順海，兩個人聊了一會兒，樓梯傳來很大的腳步聲。

「哎呀！這是誰？不是羅迪嗎？」

一個體格壯碩的男人從樓梯走了下來，是大兒子台豐，羅迪起身。

「哥哥，好久不見了！」

「羅迪！」

羅台豐像是要擁抱羅迪，但靠近他之後，卻是用拳頭打了他的肚子一下。羅台豐在部隊當了二十年的軍官，但因無法升職而退役。

「唉唷！我的媽啊！」

羅迪揉著肚子說：

「哥哥，靈堂設在哪裡啊？」

羅台豐搖搖頭，一屁股坐到沙發上。正當羅順海要替哥哥回應的時候，有個男人打開玄關門走了進來，是負責調查羅會長死亡案件的

姜刑警。他雖然是警察局的局長，但是因為偏鄉的人力不足，所以也需要協助辦案，他其實想要悠閒的過日子，所以偵辦這個案件時，心情是很差的。

「來，大家請都聚集過來。」

姜刑警看著羅迪說：

「你是排行第二的兒子嗎？」

「我是羅會長的姪子。」

姜刑警點點頭。這時用完餐的車禮祿走到客廳，坐在羅迪的旁邊。

姜刑警又問道。

「是你兒子嗎？」

羅迪大聲回答：

「不是！我目前還單身，他是朋友的兒子，跟著來而已。」

姜刑警一副不在意的口吻。

「現在二兒子應該快到了。」

在俄羅斯讀大學、夢想成為博士的二兒子藝敏還沒到。姜刑警對坐在沙發上的人說著案子的

經過，車禮祿發現在廚房泡茶的麗娜也認真地聽著。

羅會長跟平常一樣，晚餐後回到自己打造的房間密室，密室是一個挑高三層樓高的長形房間。他小時候家境貧困無法上學，需要靠撿回收維生。羅會長對於學習非常渴望，他在睡覺前，一定

會坐在椅子上閱讀，他相信只有閱讀才能成為一個更高層次的人。

但是他睡在密室裡，還有一個原因，那就是他怕有人會殺害他並奪走他畢生累積的財產。所以誰都進不去的密室，便是他可以安心睡覺的地方，但是卻被發現死在這令他放心的地方。

「初步判斷死因似乎是頭部受到重擊，詳細結果明天就會出來。」

羅台豐大聲的說：

「你的意思是他被鬼打頭了嗎？」

聽了他的問題後，姜刑警用手托著下巴。

「從裡面把門鎖上了，消防員們為了要打開鎖，還花了很大的功

夫，如果是有人殺了羅會長再逃跑的話，門就不會被鎖上，但卻是鎖上的狀態。這意味著沒有人離開房間，而且也沒有什麼東西可以當作凶器。我在想他可能是因為從椅子上跌下來，導致頭部撞擊到地面。」

羅順海客氣的問著。

「你是說爸爸是因為昏倒而死亡的嗎？」

「雖然看起來是受到重擊，但因為沒有任何的凶器，才會如此推測。」

這時麗娜端著托盤過來，輪流給每個人一杯茶，車禮祿開口說：

「我剛才喝過了，可以不用給我了。」

羅台豐對著車禮祿大聲說話。

「小朋友，到院子裡去堆雪人吧！」

「我不是小朋友，我已經十三歲了。」

羅台豐站了起來，準備要打車禮祿的頭，羅迪把他攔了下來。

「不要打他的頭！」

羅台豐又坐回沙發上。每個人在喝著茶的同時，玄關門開了，一名穿著長大衣的高瘦男子走了進來。

「藝敏哥哥！」

2 藏在遺言中的祕密

羅會長的三個兒子齊聚一堂，二兒子藝敏把包包放到客廳一角，便在沙發上坐下，是一個遠離羅台豐的位置。光憑感覺就可以知道大兒子和二兒子的關係不好，老么順海則夾在兩個哥哥中間。

「二哥，你是什麼時候到韓國的？」

「昨天晚上。」

聽到老二的話，羅台豐立刻大吼。

「昨天就到的人，還不趕快回來，現在才回家？」

羅藝敏連一眼都沒有看羅台豐。

「我不想聽這些，現在大家都心情不好，請注意自己的行為。」

「什麼？注意我自己？你是怎麼對哥哥講話的？真是目中無人！」

羅台豐上前，抓住了藝敏的領口，夾在他們之間的順海無可奈何，

姜刑警上前把兩個人分開，讓他們坐下。

「請冷靜下來，我需要先回去一趟，會再跟你們連絡。」

姜刑警從玄關離開了。

看著現在的場面，羅迪向藝敏打招呼。

「藝敏，你一切都好嗎？」

藝敏以冰冷的眼神看著羅迪說：

「好久不見！你今天來是想得到什麼好處嗎？」

羅迪揮了揮手。

「說什麼話，我可是沒有帶著任何想法來的！」

「嗯，很好！」

聽到二兒子藝敏的話，羅台豐大喊著。

「欸，老二！你才是想分一杯羹而來的吧？財產當然是由長子繼

承，如果你有什麼妄想，最好是醒醒吧！」

藝敏嘴角上揚、一副嘲諷口吻的說：

「哥哥真的一點也沒變，遺產是兄弟們平分的，我把爸爸的遺產投資在股市。如果因為股票漲了，讓財產增加，我當然可以得到最大的那一份。」

台豐從座位上跳了起來，指著他的鼻子。

「因為股價下跌，損失了多少錢啊！就是因為這樣，爸爸才不見你！」

「哥哥們別吵了啦！」

當順海攔著兩個哥哥的時候，有個人敲了玄關門。但因為他們在裡面爭吵，爭執聲蓋過了敲門聲，所以那個人只能等著他們冷靜下來。在廚房整理茶杯的麗娜，便上前把門打開了，一位穿著棕色西裝、拿著公事包的男人站在那裡。麗娜帶著那人進到客廳，羅台豐說：

「你是誰？我們還沒有舉行葬禮呢！」

男人跟大家行禮致意。

「不好意思，現在才打招呼，我是羅會長的律師。」

律師坐在單人座的沙發，他從公事包裡拿出一張紙。

「現在，我要來公開遺囑，請大家都坐下，還有麗娜。」

律師念了第一段。

「我，羅標石……將把所有的財產都給予一直在我身邊照顧我的管家麗娜。」

在場的人都很驚訝，羅台豐跳了起來，抓住律師的領子。

「你在說什麼？你確定唸的內容是正確的嗎？」

老么起身攔著大哥，律師說：

「現在還沒全部唸完。」

羅台豐氣憤難平的坐了下來，羅藝敏對麗娜：

「妳是施了什麼法，讓我爸把全部的財產都給妳？」

DO NOT CROSS
DO NOT CROSS
POLICE

吃驚不已的麗娜，急忙揮著手。

「我也不知道，會長為什麼會這麼做。」

律師咳嗽了一聲。

「大家請冷靜下來，我要唸完剩下的部分。」

「至於我的三個兒子及一個姪子……，我在那些掙錢的歲月裡，累積下來的東西中，每個人只可以選擇一樣帶走。」律師將遺囑放到

桌上。

羅台豐從座位上站起來大喊：

「什麼？一樣？只有一樣？」

羅順海口氣溫和的對羅台豐說：

「爸爸累積的收藏品中，不是有價值不斐的名畫嗎？」

羅藝敏冷冷的瞪著麗娜。

「到底為什麼會給那女人……」羅藝敏從座位上站了起來，走到沙發後面。

「只能帶走一樣東西，只有一樣……，爸爸擁有的東西，我們根

本不知道什麼最有價值，對於什麼都收集的爸爸，我們根本不關心他。現在爸爸最有價值的東西，將會留給最謹慎選擇的兒子。」

大家聽了不禁點點頭，只有台豐大喊著。

「你出國學過各種東西，當然一定有很多知識，所以你當然就會選好的東西不是嗎？」

「吵死了。來吧！律師，讓我們看看我們能選的東西吧！」藝敏打開玄關門，走了出去。

律師想讓台豐冷靜下來。

「好了，好了，會長留下來的名畫和古董不只一兩件，別太擔心，

我們一起去別館吧！」

律師、兄弟們，還有麗娜都出去了，只剩下羅迪。羅迪的嘴角露出笑容，車禮祿說：

「您笑什麼？大伯過世應該不是什麼好事吧？」

「我有那樣嗎？沒有啦！」

話是這麼說，但羅迪的臉上還是露出笑意。

「因為有很多的名畫和骨董，所以很開心嗎？博士是文化遺產專家，一定可以選出最好的東西！」

「不是啦，就說不是了。我不是會被錢財蒙蔽雙眼的人！」

3 抉擇時刻的來臨

車禮祿和羅迪過了一陣子，才走到外面跟大家一起前往別館。

別館看起來像是有點破舊的倉庫，其實是羅會長年輕時整理回收的地方。隨著時間的流逝，雖然房子裡，大部分放著名畫和骨董，但是為了不忘記過去辛苦的日子，還是有一個角落放著回收物。律師看著大家說：

「來，三個兒子和姪子，現在每個人拿一樣東西，只能選一樣喔！」

羅台豐走向名畫區後詢問羅迪：

「羅迪，你不是什麼文化遺產清掃家嗎？」

羅順海替他回答。

「羅迪哥哥是文化遺產

專家啦！」

「那麼羅迪來選其中最有價值的東西就好了。」

聽了台豐的話，律師搖搖頭。

「不行，不能由別人幫忙挑選，要自己做出選擇。」

「什麼？那不就變成親兒子以外的羅迪，可以選到最好的東西嗎？」

羅迪揮了揮手說：

「哥哥，弟弟，你們不知道我是怎樣的人嗎？我對這些財產沒有什麼野心，我只是一個追求學問的。」

羅藝敏哼了一聲。

「看你選的東西就可以知道了！」

羅台豐看著掛在牆上的那些名畫，雖然要選擇其中一幅，不是什麼難事，但是擔心選中的可能是假畫。

「律師先生，選好之後讓羅迪檢查一下，應該可以吧？」

羅藝敏看著困擾的羅台豐，笑了起來。

「如果讓羅迪先去辨別畫的真偽，再跟我們說就好了，這樣就不是別人幫忙選擇啊！」

律師聽了藝敏的話無法反駁，羅迪為難的說：

「藝敏啊，我沒有任何的設備，光用看的很難準確辨別。」

台豐推著羅迪的背。

「不要囉嗦了，去看看吧！」

羅迪只好去鑑定牆上的名畫，令他驚訝是，竟然沒有一幅假畫。

「這些畫，我看起來都是真的。」

台豐和藝敏鬆了口氣，選擇了看起來最貴的畫。老么順海在哥哥們的催促下，也選了一幅畫。最後輪到羅迪選擇的時候，台豐以嘲諷的口吻說：

「你一定會選出最有價值的，所以你以前才會選擇研究文化遺產。」

羅迪的臉紅了起來。

「不是的，我對錢財沒有任何的欲望。」

羅藝敏哼了一聲。

「世界上哪有人對錢沒有欲望呢？」

雖然羅迪不討厭錢，但是他不能忍受別人不尊重他的專業。羅迪突然轉身，走向另一邊堆積古物的地方，並拿起一個最小的東西。

「我只要這一樣，我就用這個來紀念過世的大伯。」

羅台豐迅速的走近羅迪，看著他選擇的東西，是一個白色、像雞蛋一樣的物品。羅台豐以為那不是什麼特別的東西，便捧著肚子笑了起來。

「小子，你要是這麼喜歡雞蛋，叫麗娜幫你煮就好了。」

羅藝敏也露出嘲諷的表情，但站在律師身邊的麗娜開口了。

「那是會長生前時常拿在手上滾來滾去的東西。」

Cola

律師看著目前的狀況，開口說：

「等會長的驗屍報告出來，便會舉行葬禮，然後大家就可以帶走自己選擇的東西。」

羅台豐把手放在麗娜的肩膀上。

「我們等葬禮結束後，就可以正式來討論遺產的問題，妳到底做了什麼？」

麗娜的聲音顫抖著。

「我真的不知道為什麼把遺產都給我，我會把那些財產都還給你們的，請不要擔心。」

靠在牆上的羅藝敏走了過來，還拍了拍手。

「麗娜，這真是個明智的決定。」

律師把羅台豐的手，從麗娜的肩膀上拿下來。

「目前什麼事都還沒有確定，麗娜，葬禮結束前什麼都不要說。」

大家從別館出來的時候，天色已經黑了。冬天的山上，太陽似乎消失得更快，只有幾盞路燈照著房子，再加上有人死去，房子顯得格外陰森。從羅迪和車禮祿到達後，就沒有人再提到密室的事情。律師離開後，其他人回到了主屋，麗娜和順海在廚房準備晚餐，韓式蛋捲、

炒肉、大醬湯還有幾樣小菜，看起來十分豐盛。吃了第三碗飯的羅台豐說：

「羅迪，我選的那幅畫是不是有十幾億的價值啊？」

羅迪點點頭說：

「是拍賣會上的成交價格。」

大家因為都勞累了一天，用餐時間大家沒有講什麼話，吃完飯都各自回到二樓的房間休息了。二樓有三個房間，羅台豐、羅藝敏一人一個房間，所以順海和羅迪、車禮祿合住一個房間。麗娜則回到一樓玄關前自己的房間。這一夜，似乎是個安靜的夜晚。

直到大夥兒聽到羅台豐的哀號聲。

原本已進入夢鄉的大家，都起身來到了客廳，羅藝敏說：

「怎麼了？好像是哥哥的聲音。」

「好像是從別館傳來的。」

一聽麗娜這樣說，大家都往別館去了。進去後，站在名畫前的羅台豐看著大家怒吼著。

「到底是怎麼一回事？是哪個小子做的？」

三兄弟挑選的三幅畫被撕成了碎片，羅藝敏皺著眉頭。

「只有我們挑選的被撕破了，羅迪選的東西呢？」

大家的眼神飄向古董區，羅迪的雞蛋還好好的放在舊貨架上，羅台豐大吼著。

「羅迪，是你做的吧？因為你只有得到一顆雞蛋，覺得不高興嗎？」

「哥哥，你在說什麼？」

原本沉默的車禮祿向前一步。

「他剛剛一直跟我在一起，根本沒有機會來這裡。」

「哈！小朋友說的話誰會相信？」

為了讓台豐冷靜下來，順海開口說：

「羅迪哥哥一直都在房間裡，睡覺的時候還打呼。」

藝敏冷冷的對台豐說：

「哥哥，你怎麼會來這裡？這是你做的嗎？」

「我只是來看看我的畫，而且我為什麼要把我的畫撕成那樣？」

藝敏看著天花板。

「貴重物品這麼多的地方，應該有安裝監視器吧，麗娜小姐？」

麗娜點點頭。

「有，在別館的入口處有一個，但是在會長去世前幾天壞了。」

羅台豐皺緊眉頭，用拳頭打了牆壁一下。

「該死！」

這時已接近午夜，大家回到主屋，聚集在客廳。接到羅台豐電話的姜刑警趕了過來。

「這麼晚了，到底有什麼事？」

羅台豐對姜刑警說：

「姜刑警，出大事了，我選擇的那幅名畫被撕成碎片了。」

從繼承遺產到名畫被撕毀，姜刑警露出了思考的表情。

「那麼，羅會長的案子不是意外，而是和謀殺有關了。可以確定是有人想占有這些財產，但是有些無法理解的部分……」

羅台豐大喊著。

「你說什麼？有什麼不能理解的？」

坐在沙發一隅的車禮祿，邊打哈欠邊說：

「不能理解的部分是為什麼要把名畫撕毀吧！」

姜刑警看了一眼車禮祿。

「那個學生說得對，為什麼撕毀名畫？難道是想要掩蓋什麼東西？」

雙手抱胸、靠在牆邊的羅藝敏，伸出手指著羅迪。

「堂哥選的蛋平安無事呢！」

「蛋？」

羅順海去了別館，把羅迪選的蛋形物品拿了過來。聽到發生事情的律師剛好也趕到了，律師指著順海拿的蛋說：

「繼承的東西要等到葬禮後才能拿走。」

姜刑警開口說：

「只是拿來調查一下，沒什麼大問題，請不用擔心。」

順海把蛋放到沙發前的桌上，羅台豐看著蛋說：

「這個東西是黃金做的嗎？看起來像塑膠做的，又是白色的。」

羅藝敏擺出了冷漠的表情。

「不是說爸爸會拿在手上把玩嗎？應該是保健身體的東西吧！」

車禮祿把它拿了起來。

「這裡，中間這邊，有一個裂開的痕跡。」

羅迪抓住車禮祿的肩膀。

「禮祿，這個不能隨便摸啦！」

車禮祿把蛋上下轉動著，突然蛋分成兩半，有東西從中掉了下來。

羅迪露出失望的表情，原本以為是一件貴重的寶物，可是掉出來的東

西卻是金色的蛋黃，打開蛋黃後裡面竟然有一隻小母雞。羅台豐大笑起來，車禮祿拿著小母雞，仔細的觀察著。

「哇！真的好精緻喔！」

「就算很精緻，也應該賣不到什麼錢吧！」

羅藝敏不以為然的說著，羅迪聽了車禮祿的話後，仔細的看著雞和蛋。

「真的很精緻，我從來沒有看過這種東西，要請教一下專家了。」

「誰啊？」

「文化遺產協會有一個叫做老狐狸先生的人。」

提到文化遺產，眾人的目光看向車禮祿和羅迪，羅迪用手機拍了幾張蛋的照片，傳了出去。不久後羅迪的手機響了，羅迪將手機的擴音功能打開，以便大家聽到聲音。

「喔，老狐狸！不是，我是說洪會長！」

「羅迪博士，這麼晚跟我聯絡，是因為在鑑定的蛋嗎？我認為這是一個法貝熱彩蛋。」

羅迪驚訝的大叫。

「什麼？法貝熱不是歐洲裝飾藝術大師嗎？」

「對，那個人在十九世紀末受到俄羅斯皇室的委託，製作了五十個彩蛋，其中幾個消失了，原來有一個在你那裡。」

緊緊的拿好手上的小母雞後，羅迪說：

「它的價值有多少，應該很難確定吧？」

「最近在拍賣會上有出現過，嗯……大概是六億七千萬元吧？」

大家發出驚嘆聲。

羅迪小心翼翼的再問：

「你說的是真品的價格吧？這個也有可能是假的啊！」

「羅博士，你是不相信我的學識嗎？」

「哎呀！不是的。洪會長，我愛你，再跟你聯絡了。」

一掛上電話，台豐怒視著羅迪大吼：

「我就知道會這樣！你什麼都知道，然後選了一個最有價值的。」

羅迪邊拿著小母雞，邊急忙搖了搖手。

「不是的，我本來是不知道的！真的！我比較專業的領域是圖畫。」

藝敏走到沙發後面，露出犀利的表情。

「羅迪有可能是把我們名畫撕毀的人。」

羅迪一聽，從座位上跳了起來，看起來憤怒又委屈。

「為什麼是我？我是一個很珍惜畫的人，絕對不會破壞文化遺產！」

這時律師走向羅迪，伸出了手。

「不管怎樣，蛋要放回原本的地方，現在您還沒有繼承遺產。」

羅迪把蛋交給了律師，律師走向別館，將蛋放回原來的位置。羅迪一直跟著他，直到確定他把門鎖好。

「名畫都被撕毀了，我的彩蛋可能也會有危險。」

「我已經請人修好監視器，不會有問題的。如果有人靠近別館，就等於承認他是撕毀名畫的犯人了。」

律師和姜刑警離開了，凌晨時，大家都回房間繼續睡覺。車禮祿因為羅迪的鼾聲，幾乎無法入睡。好不容易要睡著時，卻好像看到羅順海起身去開門，而麗娜背對著燈光站在門口，兩個人說了幾句話後，羅順海便關上門出去了。車禮祿的眼皮變得越來越重了……

4 法貝熱彩蛋不見了

過了一個夜晚，法貝熱彩蛋果然還是消失了。姜刑警和律師前去確認的時候，彩蛋已經不見了。大家都起床時，只剩下羅迪還在呼呼大睡，當他半睡半醒時聽到這件事，連忙起床趕到別館去。所有的人已經聚集在那裡，台豐對羅迪說：

「到底是誰做了這種事？」

他的語氣聽起來有點口是心非。羅迪跌坐在地上，露出一副沮喪的表情，車禮祿把手放到他的肩膀上。

「博士，把眼淚收回去！不要哭，去看看撕破的畫吧！」

「嗯？為什麼？」

「快點！」

羅迪走近被撕毀的名畫時，律師卻攔住了他。

「要保留現場的原狀，請不要摸！」

姜刑警對著攔住羅迪的律師說：

「只是看著沒關係，但因為可能會留下指紋，所以真的不能摸。」

羅迪仔仔細細的觀察著撕毀名畫的墨水和紙張。

「我的天啊，這好像是假的！」

「什麼？假的？」

台豐大叫著。車禮祿看著圖畫，點點頭。

「果然是調包之後，把假的畫撕碎了，這樣真品應該是被藏起來了。」

「照這麼說的話，車禮祿，我的彩蛋呢？」

台豐湊到羅迪和車禮祿的中間。

「小朋友，真的是這樣嗎？你的意思是我的畫現在是安全的嗎？」

「看起來可能性很高！」

看著這一切的姜刑警說：

「這麼說來，真品應該是被藏到某個地方去了。」

「嗯……」

羅藝敏發出聲音、停頓了一會兒後，用懷疑的眼神說：

「昨天離開這裡的只有姜刑警和律師。」

姜刑警搖頭說：

「這是警察撤離後發生的事情。」

接著所有人看著律師，律師態度自然的說：

「我也一樣，而且在這樣的山裡面，那麼大的畫框怎麼帶走？」

羅藝敏露出銳利的目光。

「可能是車子的後車廂啊！」

律師笑著往旁邊走了幾步。

「我的車子二十四小時都開著行車記錄器，如果需要的話，我可以提供行車記錄器的畫面！」

藝敏突然大叫。

「老么呢？他怎麼沒在這裡？」

「還在家裡睡覺吧！」

羅迪回覆了台豐的問題。

「他不在房間裡。」

台豐大喊著。

「什麼？難道是那單純小子做的好事！」

突然間，現在似乎變成羅順海是犯人，姜刑警說：

「現在還不能下定論。」

律師站了出來說：

「昨天監視器有打開，我們先看一下監視器錄下的畫面吧！」

律師帶著所有的人回到主屋後，用電腦看著錄下來的影像。車禮

祿和羅迪、台豐和藝敏、麗娜和姜刑警屏息看著，到了凌晨二點時的畫面中，好像出現了什麼東西。姜刑警大叫：

「停一下！」

出現在畫面中的人是麗娜，她打開了別館的門，進去之後手上拿著東西出來。羅台豐對著麗娜大吼：

「得到所有的財產還不夠嗎？連我們只得到的唯一收藏品也要偷走嗎？」

羅藝敏拍了拍手，對麗娜說：

「真是意外！真是驚人！」

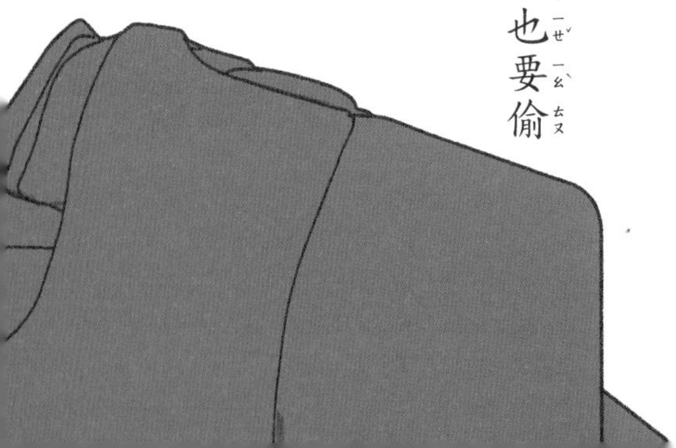

麗娜揮了揮手。

「其實昨天晚上是你們最小的弟弟叫我去的。」

律師問著。

「為什麼？」

「他要我把彩蛋拿走，因為他的堂哥需要確認。」

車禮祿想起來凌晨的時候，麗娜曾到他們的房間來。羅台豐

激動的指著麗娜說：

「那只是妳的藉口，證據很明顯了，妳還有什麼好說的？」

麗娜冷靜的說：

「誰會把彩蛋從那裡偷回來這裡呢？」

律師站到麗娜面前。

「如果麗娜是犯人，為什麼還留在這裡？因此麗娜的話是可信的。」

聽了律師的話，姜刑警點了點頭，這時車禮祿說：

「小叔叔的車子還在，這附近也積滿了雪，他會去哪裡呢？」

所有的人都沒說話，車禮祿跟姜刑警說：

「請用手機GPS定位找一下小叔叔的位置，GPS使用的是人造衛星，就算到山裡面還是找得到。」

姜刑警向警察總部提出請求後，追蹤到羅順海的手機位置在山頂上。

姜刑警和台豐跟藝敏、羅迪和車禮祿向山上走，在山腰時經過一間雞舍，大約一個小時候到達山頂。透過GPS接收到的信號地點是山頂上的救護所，姜刑警打開救護所的門，竟然看到羅順海躺在救護

所的地上，羅迪驚訝的大叫著。

「順海！順海！你怎麼了？」

姜刑警連忙把手放在羅順海脖子附近的頸動脈探測，檢查是否還在跳動。

「他還在呼吸，好像只是睡著了。」

兩位哥哥鬆了口氣，搖了搖弟弟，順海慢慢的張開雙眼。

「大哥，這是哪裡？」

「老么，發生什麼事？彩蛋去哪裡了？」

「嗯？彩蛋？」

下山時，羅順海才慢慢的回過神來。一行人回到家後，律師和麗娜坐在客廳，藝敏對披著毯子的羅順海說：

「法貝熱彩蛋不見了。」

羅順海咳嗽著說：

「圖畫都被撕碎了，現在連彩蛋也遭殃了？」

這時麗娜去廚房，用托盤端著茶壺和茶杯出來。麗娜左手握著茶壺手把，小心翼翼地倒熱茶給大家喝，車禮祿邊看著麗娜邊喝茶。藝敏出聲問弟弟：

「撕毀的圖畫是假的，真的畫被藏起來了，這一切的事情都是你做的嗎？」

羅順海抱著頭。

「昨天麗娜說有話要跟我說，所以我就到客廳，喝了她給的茶，後面的事我就想不起來了。」

拿著茶壺站在一旁的麗娜以冷冰冰的表情說：

「是你叫我把彩蛋拿來給你的，因為你說要確認什麼東西。」

羅順海帶著委屈的表情大聲的回答：

「妳在說什麼？麗娜，妳為什麼要這麼做？」

麗娜則擺出一副事不關己的樣子。

過了一會兒，來了幾名支援的警察。姜刑警和員警們在主屋及車子內來回仔細搜尋，都沒有發現彩蛋的蹤影。姜刑警對著坐在沙發上的羅順海說：

「如果不說出彩蛋的下落，我們只好把你帶走了。」

坐在旁邊的律師說：

「麗娜小姐怎麼會跟彩蛋有關係？她得到的遺產已經很足夠了。」

姜刑警比出一個手勢，便有兩名警察抓著羅順海讓他站起身，正

在筆記本上記錄的車禮祿，從座位上站了起來。

「我想到一個地方。」

原本憂鬱的羅迪抬起頭來。

「車禮祿，是真的嗎？」

姜刑警以無法理解的表情問羅迪：

「一個孩子說的話，為什麼讓你這麼驚訝？」

羅迪從座位上跳了起來。

「你們都不知道這個孩子是誰！」

羅迪會這麼說肯定是有原因的，順海對車禮祿說：

「禮祿，如果你知道什麼，請說出來吧！」

姜刑警和眾人們等著車禮祿開口，車禮祿把眼鏡往上推了一下。

「凌晨的時候，並沒有聽到汽車的引擎聲，這個房子的旁邊就是停車場，因此如果有人開車，馬上就可以知道。」

姜刑警點點頭。

「這倒是真的！」

「老么叔叔在山上的小屋，我們光是走上去就花了一個多小時，如果有人要搬動昏倒的老么叔叔，是一件很困難的事。但在凌晨的時間搬動的話，可能性便高了許多，所以彩蛋應該是藏在這棟主屋和山

上小屋的途中。」

羅迪拍了一下膝蓋。

「對！犯人沒有時間去其他的地方，而且那條路上也沒有裝監視器。」

姜刑警說：

「禮祿，我們搜遍了這棟主屋和山上小屋，都沒有找到任何東西。而且地上都結冰了，如果挖土埋藏的話，就一定會留下痕跡，所以絕不可能這麼做。」

車禮祿繼續說：

「對，法貝熱彩蛋在這裡、山上小屋和汽車裡都找不到，彩蛋只會在最有可能出現的地方。」

羅迪抓了抓頭。

「那是在哪裡？」

「山腰上的雞舍，藏在稻草裡是不是簡單多了？而且那裡還有其他的雞蛋。」

一直在旁安靜聽著的律師說：

「光聽一個孩子的話，就要再勞煩大家上山，而且剛剛不是也找過雞舍了？」

姜刑警說道：

「是有找過，但他是很有推理能力的孩子，就再去看看吧！」

姜刑警一行人走到山腰上的雞舍，麗娜和律師也一起去了。打開雞舍的門後，雞群們受驚而飛來飛去，車禮祿說：

「會長過世後，好像有幾天沒有收雞蛋了，所以會有很多蛋，小心不要踩到了。」

羅迪平時雖然討厭雞，但因為這次是要找自己的彩蛋，便第一個開始動手尋找。

「是最潔白的蛋呢！」

車禮祿走到羅迪的身旁，然後很快的撿起一顆蛋，是一顆比其他雞蛋大的法貝熱彩蛋。

「太棒了！

我的彩蛋！果然車禮祿就是厲害！」

姜刑警在雞舍外拍著手。

「沒想到雞舍裡藏著價值好幾億的東西。」

車禮祿從雞舍出來後，拍拍身上的雞毛。

「從犯人利用雞舍這件事來看，犯人一定是很清楚這個地區的人。」

所有的人都看著麗娜，麗娜急忙的揮了揮手。

「我為什麼要偷彩蛋？我甚至不知道這裡有雞舍。」

羅順海說：

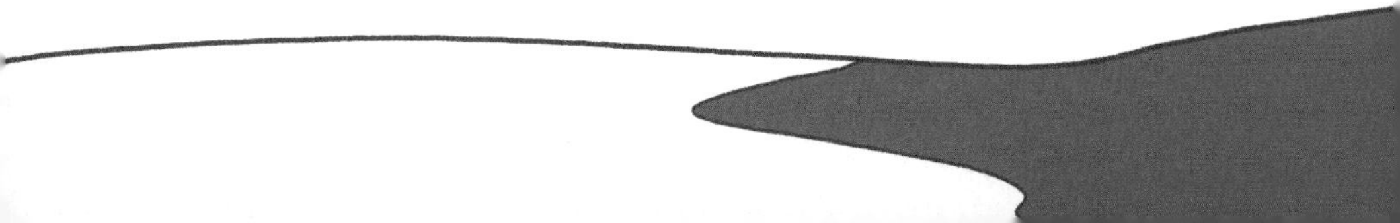

「妳在說什麼？妳每天從這裡拿雞蛋，煮給我爸爸吃不是嗎？」

「我太緊張，所以一時忘記了。」

律師看到麗娜忐忑不安的樣子，便往前站了一步。

「緊張難免會失言，難道現在找到彩蛋，就認為麗娜是犯人嗎？」

老么和麗娜互相看著對方，姜刑警說：

「我們都先回主屋吧！這是發生在家族裡的事情，如果兄弟們都同意的話，事情可以就到這邊結束。」

律師一邊說話，一邊從車禮祿那裡拿走彩蛋。

「如果是犯罪的人，繼承的資格將會被取消。」

5 陷入危機的羅迪

中午左右，姜刑警和員警們離開了豪宅，律師也去外面辦事情。只剩下三兄弟和麗娜、羅迪和車禮祿在家裡，因為寒冷而感到渾身不舒服的羅順海，回到二樓的房間休息。雖然已經過了用餐時間，麗娜仍在廚房替大家備餐，跟前一天不同，這回的餐點很簡單，只有吐司和果醬，羅台豐坐在桌邊抱怨。

「麗娜，妳是不是因為繼承了財產，就不好好工作了？」

「我是羅會長的管家，這本來就不是我的工作。」

看到這個情景的羅藝敏說：

「現在的情況，簡單吃就好，說不定會有人對食物動手腳。」

麗娜看了藝敏一眼，然後就走到廚房外面了。只有羅迪笑瞇瞇的啃著吐司，台豐把手上的吐司往盤子一丟。

「你笑得嘴角都要碰到眼角了。」

「沒有啦，我吃飽了，先到外面呼吸一下新鮮空氣。」

羅迪從座位上站了起來，車禮祿說：

「外面很冷耶！」

「就那點寒冷程度還好啦！」

羅迪出去之後，車禮祿在筆記本上寫著發生的事，名畫被換成假的後還被撕碎、彩蛋雖然不見但是被找到了。車禮祿覺得羅會長的死亡，好像是被誰計畫好的，可是到底是誰呢？車禮祿繼續想著。

坐在他對面喝著水的羅台豐對車禮祿說：

「小朋友，你在想些什麼？」

「喔，沒什麼啦！」

這時，後院傳來尖叫聲，是麗娜的聲音。台豐和藝敏、車禮祿往

後院跑去，在後院的花園前，麗娜用手指著羅迪大叫：

「他剛剛要綁架我！還要我跟他結婚，抓著我的手不放。」

大家看著羅迪，羅迪嚇得說不出話，這時前面院子傳來停車的聲音，然後律師跑了過來對著羅迪說：

「你剛剛要綁架麗娜小姐，所以繼承權被取消了。」

羅迪急忙揮揮手。

「不是這樣的，是麗娜小姐向我招手，我才過來的。」

「你說謊，你剛剛就是抓著我的手，要把我帶去停車的地方。」

羅迪突然想到了什麼開口說：

「監視器！可以確認一下監視器的畫面。」

律師看著羅迪搖了搖頭。

「監視器只在別館前面，你是明知故問嗎？看來你確實是想綁架她。」

站在後面的羅台豐向前站了一步說：

「我們進去屋裡再談吧，外面太冷了。」

大家從後院往前院走的時候，用完餐的姜刑警從大門走了進來。

律師一見到姜刑警就開口：

「剛剛羅會長的姪子想要綁架麗娜小姐。」

羅迪大力的揮了揮手。

「不是的，真的很冤枉！」

姜刑警以銳利的眼神看著羅迪，同時對著大家說：

「請大家都先進去吧！」

進入客廳後，大家都坐在沙發上，本來在二樓睡覺的羅順海也下樓了，姜刑警以嚴肅的表情說：

「羅會長的驗屍報告出來了，我的猜測是正確的，致命傷為頭部受到重擊。」

順海難過的流著眼淚說：

「到底是誰殺了爸爸？」

姜刑警看著順海說：

「一定有人和羅會長的關係不好。」

羅順海感到疑惑的說：

「爸爸待在他的房間密室，到底是什麼東西讓他受到重力撞擊？」

姜刑警說不出是怎麼一回事，揉了揉鼻子。

「我們也不知道，現場沒有什麼東西可以當作凶器，而且那是一個任何人都進不去的地方。」

姜刑警看著律師說：

「你剛剛說綁架是什麼意思？」

律師指著一旁無精打采的羅迪說：

「羅會長的姪子想綁架麗娜小姐，因為圖謀犯罪，所以他的繼承權取消了。」

羅迪看著麗娜，但麗娜根本就不看他一眼，羅迪搖搖頭對著車禮祿說：

「車禮祿，我真的沒有那樣，幫我想想辦法。」

車禮祿沒有回答，拿出筆記本看著。

律師就像朗讀文件一樣，對著姜刑警說：

「現在，請逮捕羅迪吧！」

羅迪哭喪著臉，一直看著筆記本的車禮祿，突然站了起來，羅迪就像看見一絲希望般地望著車禮祿。

車禮祿對律師說：

「剛剛您在院子停車後，就跑來後院了，為什麼剛跑過來，就知道羅博士綁架了麗娜姊姊？您說因為他綁架了麗娜姊姊，所以失去繼承權嗎？」

律師停頓了一下。

車禮祿的推理筆記

大兒子 台豐

個性暴躁，容易生氣。
和爸爸的關係不好。
但心思沒有周密到可以犯案的程度。

二兒子 藝敏

心思細膩又很敏感。
似乎有犯案能力，因為思考事情連細節都很注意。
一直住在國外。

三兒子 順海

性情溫和，待人有禮。
帶著法貝熱彩蛋跑了。
可能是冤枉的。

麗娜姊姊

離開育幼院後，就住在這個家裡生活。
行為變得有點奇怪。

律師

長時間在這個家裡進進出出。
總在必要的時刻出現，就像是編好的劇本一樣。

羅迪

他總是跟我在一起，
沒有犯罪的時間。
綁架麗娜姊姊？
別說綁架了，對麗娜姊姊連說一句話都說不好。

「因為剛剛在停車的時候，就聽到你們講話的內容，當然就知道了。」

「可是後院的四周都是開放的，要從車子裡聽到聲音，可不是件容易的事情，而且因為現在是冬天，所以車窗一定是關著的。」

律師憤怒的擺了擺手。

「大人在講話，你不要插嘴。」

羅迪站了出來。

「別小看這小子！這個孩子……」

律師打斷羅迪的話。

「你是有犯罪嫌疑的人，請保持安靜，你現在說的話是具有法律效力的。」羅迪趕緊閉上嘴巴，姜刑警把手放在律師的肩膀上。

「等一下，這孩子的話有道理，我們再聽聽他怎麼說。」

「還需要說什麼？先逮捕那個綁架犯吧！」

羅迪因為慌張，不停地揮手。

「真的不是那樣，我剛剛都說了，麗娜小姐在後院向我招手，等我過去的時候，她就突然尖叫了。」

這時，車禮祿向前走了一步，指著麗娜說：

「因為這個人不是麗娜姊姊。」

律師抓著姜刑警的手並催促著。

「你看！小朋友說的話是胡言亂語，請趕快逮捕羅迪吧！」

姜刑警甩開律師的手。

「車禮祿，你是什麼意思？你說麗娜小姐不是麗娜小姐？」

「對，昨天麗娜姊姊倒茶給我了。」

「茶？那是什麼意思？」

「倒茶的時候，一般人都用常常使用的手握著茶壺的把手。第一天是用右手，可是昨天卻用左手。」

律師搖搖頭。

「又沒有規定要用哪隻手握著茶壺的把手倒茶，真的很煩人。」

「用右手寫字看看就知道了。」

車禮祿說完後，姜刑警就把紙放在桌上，並拿出一支筆，請麗娜用右手寫字，果然寫出來的字歪七扭八，羅迪激動的大叫著。

「你看看！我們禮祿說的話沒錯！」

律師冷眼的看著麗娜。

「原來麗娜小姐天生是左撇子，但偶爾會用右手寫字。」

麗娜點點頭。

「對，是這樣沒錯。」

「跟麗娜姊姊平時的筆跡比對一下就可以知道了。」

聽了車禮祿的話後，姜刑警看著麗娜。

「平常當管家時應該會寫日誌，可以和那個比對看看。」

律師急忙的站了出來。

「等等，現在是做什麼？你真的要相信這個孩子說的話嗎？我們在路上也會看到長得很像的人，但如果說是長得像麗娜小姐的人，這有可能發生嗎？」

聽到律師說的話，大家再次盯著麗娜看，羅迪也對著車禮祿竊竊私語。

「禮祿，我也聽不明白。」

車禮祿笑著說：

「原本麗娜姊姊的右臉頰上有一顆痣，突然變到左臉頰上了。」

律師不耐煩的走近麗娜，抓著她的手舉了起來。

「一開始說左撇子，現在又講到痣，真是受不了，我要帶麗娜先離開了，免得你們又胡說八道。」

姜刑警擋著律師的去路，問著麗娜：

「妳是不是要模仿麗娜的痣，但是點錯邊了？」

「這是我的痣，從出生就有了，如果不相信的話，我不介意您們

來確認。」

姜刑警走近麗娜，看著臉上的痣。

「這是真的呢！」

律師推開了姜刑警。

「現在沒問題了吧！

你們的玩笑話也該結束了吧！為了保護繼承人麗娜小姐，我要把她帶走。」

律師抓著麗娜的手，朝著玄關門走了出去。

6 被識破的冒牌管家

律師和麗娜逃跑似的急忙打開玄關門，車禮祿對著他們大叫：

「右撇子變成左撇子，右邊的痣跑到左邊，這一切都是有原因的。」

「車禮祿，你這是什麼意思？」姜刑警問。

「麗娜姊姊一定是同卵雙胞胎。」

姜刑警一臉疑惑的表情說：

「同卵雙胞胎會用同一邊的手寫字、痣也會出現在同一邊吧！」

「通常是這樣，但如果是鏡像雙胞胎的話，情況就不同了。」

麗娜在玄關前停下腳步，愣住後自言自語著。

「雙胞胎……？我是雙胞胎……？」

車禮祿朝著麗娜說：

「麗娜姊姊是雙胞胎，有人把麗娜姊姊藏在某個地方後，把跟她長得很像的人帶了過來，就是她的雙胞胎姊姊或妹妹。」

羅迪憤憤不平的大吼。

「一定是很了解這個家的人，三兄弟平時都不在家，不會是他們。」

「麗娜是雙胞胎？從來就沒有聽過這件事。」羅台豐說。

羅藝敏也搖搖頭。

「因為她從小就被送到育幼院，所以當然不知道。但就像那個孩子說的，可能是常在我們家出入的人所做的事……」

眾人看著律師，律師一臉慌張的表情。

「不要被那個孩子的話影響了！真的不能把繼承人留在這種地方。」

律師抓著那愣住的女人的手往外走，車禮祿說：

「麗娜姊姊應該是被關在某個地方了，可能會有危險。」

被拉到門外的女人停下腳步轉過身來。

「真的有和我長得一模一樣的人嗎？」

律師大吼著。

「麗娜，妳到底在說什麼？趕快跟我走。」

這時，羅順海在麗娜的房間找到一張照片。

「這裡！這裡有麗娜小姐的照片！」

女人走近順海，拿起照片看著，眼裡漸漸泛起淚光。律師一直想

要拉她走，姜刑警阻止了他。

「請馬上停下來，如果強制把人帶走也是一種暴行。」

律師指著羅順海和羅迪說：

「你現在放著那個小偷和綁架犯不抓，然後要抓我這個律師？沒有人可以碰我一根寒毛！」

姜刑警只好往後退，律師再次抓住女人的手，這時女人用力甩開律師的手，慢慢的開口了。

「在我五歲的時候，育幼院的院長跟我說過，我有一個妹妹。但是我不知道這是真的還是假的，連印象也很模糊，沒想到長大後，竟

然會以這種方式見面。」

女人摀住臉哭了起來，突然舉起一隻手，指著律師。

「都是他指使的，他來我工作的地方，說會帶我去賺大錢，我從沒想過這件事情竟然會讓我妹妹陷入危險。」

律師一臉鎮定的看著大家，展現出長期與罪犯打交道的態度。

聽完女人說的話，姜刑警點了點頭。

「現在一切的事情都說得通了，車禮祿，你是怎麼看出是另外一個人？」

車禮祿邊擦眼鏡邊說：

「她們說話的語氣不一樣，第一次見到麗娜姊姊時，她講話很溫柔，例如她都會說『已經好了。』、『是這樣子啊。』，但是這個姊姊講話比較嚴肅，像是『已經完成了。』、『不是的！』」。

姜刑警讚嘆的點點頭，羅迪把手從背後放在車禮祿的肩膀上。

「禮祿呀，我就知道你能順利解決！」

羅台豐對著律師大發雷霆。

「你殺了我爸爸！你這個殺人兇手！你把麗娜藏到哪裡了？該不會連麗娜也……？」

「我不知道你在說什麼。」律師冷靜的說。

「我現在要逮捕你！」姜刑警從他的腰間取出手銬。

律師用冰冷又低沉的聲音說：

「你在說什麼？沒有逮捕令，怎麼可以這樣把人帶走？」

「共犯已經認罪，當然可以逮捕你。麗娜小姐在哪裡？快說出來！」

律師在這個情況下，竟然行使緘默權而不說話了。姜刑警也問了那個女人，女人回答她只是在律師要求的時間過來，假扮成麗娜小姐。

車禮祿開口說：

「麗娜姊姊半夜失蹤了，但四周都是山，又下著雪，一定走不了

太遠，應該是在很容易藏匿的地方。」

所有的人都看著車禮祿，帶著一種因為是車禮祿，所以一定知道在哪裡的眼神。女人以懇切的聲音說：

「拜託，請一定要找到我妹妹。」

「車禮祿，你有什麼線索嗎？」姜刑警說。

「就在這個家裡。」

律師開口說話了。

「這個房子怎麼會有藏身之處？現在麗娜小姐因為被綁架犯驚嚇，不要再折磨她了，我要趕快帶她去看精神科。」

羅順海對律師說：

「痣的位置都不一樣，你還說這種話？」

律師不服輸的繼續胡說八道：

「只是一張照片能證明什麼？對了，可以進行DNA檢驗，這樣就能知道這個女人是不是麗娜小姐。」

如果進行DNA檢驗，因為是同卵雙胞胎，結果也是一致的。

「檢驗需要時間，如果她們真的是雙胞胎，麗娜小姐可能會在這期間遇到危險。」姜刑警說。

羅藝敏向前走了一步。

「爸爸都會預防因為錢財帶來的危險，就像睡在密室裡，房子裡說不定還有地底下的防空洞。」

「現在都什麼年代，還在講什麼地底下防空洞？」律師說。

羅台豐怒了起來。

「為什麼沒有防空洞？我在軍隊的時候，挖了多少的地！」

車禮祿點點頭。

「可能還沒到防空洞的程度啦，但應該有地下室。」

「找法貝熱彩蛋的時候，整個房子都翻遍了，但沒有找到通往地下室的門。」姜刑警說。

車禮祿對羅迪說：

「我們是在冰淇淋店門口第一次看到麗娜姊姊吧！」

「對啊！」羅迪聽不懂為什麼這樣問，所以只是點點頭。

車禮祿對姜刑警說：

「請到冰淇淋店拿一些乾冰來。」

大約十五分鐘後，一名員警拿著一個袋子走了進來。車禮祿帶著棉手套，用夾子夾起乾冰，放入裝有溫水的盆子裡，盆子裡產生了氣泡，開始冒出白煙。

「乾冰是固態的二氧化碳，把固態的乾冰放到水裡，就會變成氣

態的二氧化碳。」

羅迪拍了拍手。

「那麼，白煙是二氧化碳嗎？」

「不是的，冰冷的二氧化碳能夠迅速降低周圍的溫度，白煙呈現白色，是因為空氣中的水氣遇冷凝結成液態小水滴。」

「原來不是二氧化碳，而是水霧！」

車禮祿在客廳、廚房、玄關的每個角落，放置裝有水和乾冰的盆子，白茫茫的煙霧覆蓋住整片地板。

「車禮祿，你為什麼要放這個？」羅迪問。

「白煙比周圍的空氣還要冷，所以白煙會往下移動。」

羅迪突然有所領悟，拍了拍手。

「如果有地下室，煙霧就能從門縫的地方飄進去！」

姜刑警撕開貼在通

道的警示帶，走向密室，一推開金屬門，一股熱氣迎面而來。羅迪說：

「喔，好熱！他一定很討厭寒冷的感覺。」

密室裡的地板上也放著裝有乾冰的盆子，地板上煙霧繚繞。隨著時間的流逝，煙霧並未散去，律師哼了一聲。

「現在是警察和小朋友在做實驗嗎？你們慢慢做，我走了。」

正當律師要離開的時候，車禮祿大喊：

「請看那裡！」

大家的目光望向車禮祿用手指著的地方，羅會長的書架上，飄著一股白煙。

「請把書架上的幾本書拿出來吧！」車禮祿說。

三兄弟把幾本書拿了出來，羅迪把上面一本厚厚的書拿出一半時，聽到了門被開啟的聲音。原來書架是一個隱藏暗門，拉開暗門之後，竟然出現一個通往地下室的樓梯。

大家沿著樓梯往下走，樓梯很窄，但地下室的空間很寬敞，裡面有一個書桌、一張簡易床，書桌上放著大家以為被撕毀的三幅名畫。

羅台豐激動了起來，大聲說話的聲音傳遍了整個地下室。

「你們看！這是我的畫！依然完好如初！」

「我們的耳膜都要被震破了！」羅藝敏不耐煩的說。

床上躺著一個人，姜刑警向前走去，用手電筒照了一下。

「是麗娜小姐！」

這時，車禮祿按了牆上的開關，把燈打開。冒充麗娜的女人走近床邊，看到躺著的麗娜的臉，女人啜泣了起來。

「對不起，對不起。」

姜刑警的耳朵貼近麗娜的鼻子，接著把手放在她脖子上的頸動脈。

「脈搏還有跳動，好像是睡著了。」

這時從樓上傳來玄關門打開的聲音，走下地下室的人當中，唯獨律師不見了，羅台豐大叫：

「那個殺人犯要逃跑了，姜刑警，快上去把律師抓起來啊！」

姜刑警從口袋裡拿出對講機，按下按鍵說：

「逮捕現在出去的那個男人！」

羅台豐抱著麗娜，回到了一樓。這時在院子待

命的兩名員警，抓著律師兩邊的手臂走進玄關，律師扭動著身體大聲喊叫：

「把手從我的身上拿開！」

姜刑警讓律師坐了下來。

「請保持安靜，配合調查。」

麗娜躺在自己房間的床上，車禮祿用水沾溼毛巾，溫柔擦著麗娜的臉。麗娜緩緩的張開雙眼，在旁邊看著她的姊姊馬上走近床邊，麗娜看到跟自己長得一樣的人，一時驚慌的不知所措。站在門邊的順海

娓娓道來事情發生的經過，於是麗娜握住姊姊的手，不禁潸然淚下。

麗娜很快的又睡著了，大家都聚集到了客廳，姜刑警說：

「麗娜可能是吃了安眠藥，藥效還沒有退的樣子。」

麗娜的姊姊說出了與律師的共犯行為。

「他說有一個跟我長得很像的人，我只要模仿就好了，我完全不知道那個人是我的妹妹。」

「從律師那聽到這件事的時間是什麼時候？」姜刑警問。

「大概是一個月前，他到我彈鋼琴打工的咖啡店來找我。」

「那時候羅會長還活著，因此可以判斷律師是有殺人計畫的。」

行使緘默權、沉默不語的律師這時從座位上跳了起來。

「你是什麼意思？會長是在密室裡過世的，那天晚上我在市區的一家咖啡館，你可以調閱咖啡館的監視器，怎麼會說是我殺了會長？」

律師堅持著自己的說法，除了羅會長，誰都進不去密室。律師那晚有在其他地方的不在場證明，他的臉上有著傲慢的微笑。

「就算我有罪，頂多是詐欺罪而已，我從來沒有犯過謀殺罪，如果我的律師朋友來幫我，我可能還可以得到緩刑並獲釋。」

姜刑警覺得很無奈，因為沒有任何證據，只有證詞無法將一個人定罪，這時車禮祿詢問麗娜的姊姊。

「姊姊，妳說會彈琴對吧！請問律師有請妳幫忙買鋼琴線嗎？」

麗娜的姊姊驚訝的說：

「對啊！你怎麼知道？」

車禮祿點點頭。

「就算找到了鋼琴線，律師還是會把責任推給姊姊，然後會說自己沒有買過鋼琴線。」

「鋼琴線？車禮祿，你到底在說什麼？」姜刑警問。

「這個地方冬天的溫度在零下二十度以下，外面的水會凍結成冰。」

車禮祿從沙發起身，朝著密室走去，進入密室的車禮祿，指著密室頂部的排風扇。

「我認為他用鋼琴線把冰塊懸掛在排風扇下方，鋼琴線是一種金屬線，具有很高的抗拉強度。」

大夥兒嚷嚷著。

「冰塊？」

「會長睡前有一個習慣，他會坐在排風扇下的椅子上看書。鋼琴線綁著大冰塊，再把大冰塊懸掛在排風扇下，鋼琴線完全可以承受大冰塊的重量。」

聽了車禮祿的話，羅迪附和著。

「對啦！拍電影的時候，那些演員的身上都會綁著鋼絲繩飛來飛去。」

車禮祿用手把眼鏡往上推了一下並繼續說著，這時大夥兒都屏住呼吸，看著車禮祿。

「會長看書的時候，有人從外面把捆住冰塊的鋼琴線剪斷，會長就被從三層樓高掉下來的冰塊砸死了。」

姜刑警啪的一聲，拍了自己的膝蓋。

「對，一定就是這樣啦！」

律師對著姜刑警大吼。

「你怎麼聽信一個孩子說的話？你這樣還算是刑警嗎？你們這樣根本是在玩家家酒，我要告你們！」

車禮祿完全無視律師的話，繼續說著。

「剛才打開密室的門時，有一陣熱氣傳了出來。這一定是有人把溫度調高的，這個人能夠輕易進出這房子。」

「這是為什麼？」姜刑警問。

「這樣冰塊熔化的水，就會很快蒸發掉。」

在周圍聽著的人紛紛點頭，羅藝敏小聲的說：

「所以才會看不見凶器。」

律師一聽，完全僵住了。

「現在是相信小朋友說的話嗎？」

車禮祿自信的繼續說：

「鋼琴線一定綁在排風扇上，如果轉動排風扇，垂下的鋼琴線就會被排風扇捲上來。」

姜刑警對著站在律師旁的員警們下達指示，兩位警察爬到屋頂上，確認排風扇的狀況後下來報告。

「有，排風扇的中間真的有線捆在那裡。」

姜刑警看著律師笑了笑。

「現在證據出現了！」

律師低下頭、深深的嘆了一口氣。

律師先破壞監視器，然後在他決定要犯案的前一天，安靜的爬上屋頂，拿出裝水的容器，接著往裡面倒水。隔天再去的時候，容器裡的水已經結冰了。律師倒出冰塊，先以鋼琴線綁住冰塊。拆開排風扇，將線的另一端穿過扇葉間隙，再重新鎖回排風扇，並把鋼琴線固定在外面。等到羅會長用完晚餐，看到麗娜外出，接著聽到密室的門關上的聲音，過了一會兒，律師就把鋼琴線弄斷，然後迅速的離開此地。

姜刑警把律師抓了起來，律師大吼著。

「不要碰我！你不知道我是誰嗎？」

姜刑警不理會他的話，直接說道。

「我要告訴你米蘭達警告，你應該知道吧！你有權保持沉默，然後請一位律師，你本人就是律師啊！那只好找你朋友了！」

姜刑警用力抓住律師的手，並給他戴上了手銬。

後記

到了羅會長的葬禮當天，因為他是一個很少出門的人，所以來送他最後一程的人很少。葬禮隔天，羅家兄弟及羅迪、車禮祿聚集在一樓的客廳，台豐拍了拍車禮祿的肩膀。

「小朋友，你真的好厲害，你真是替我爸爸出了一口氣。」

坐在旁邊的順海說：

「麗娜也不知道自己有雙胞胎姊姊，她們在很久以前就分開了。」

藝敏雙手抱胸、點了點頭。

「律師原本就是麗娜的監護人吧！他把麗娜從育幼院帶回來時，應該就已經知道了。」

羅迪一個人似乎在專心的想什麼事情，順海問：

「羅迪哥哥，你在擔心什麼嗎？」

「嗯？沒有啦，我跟車禮祿去外面呼吸一下新鮮空氣。」

羅迪和車禮祿兩個人走到院子裡，羅迪問：

「禮祿，我有一個小問題想問你，為什麼要用冰塊當作凶器？如

果使用乾冰，因為是氣體，不是很快就會揮發消失嗎？

「乾冰與皮膚接觸會導致凍傷，凍傷跟燙傷很像，都是會留下證據的。」車禮祿說。

羅迪對車禮祿的推理感到驚嘆不已，然後突然笑了出來。

「好吧！沒關係，現在法貝熱彩蛋應該歸我了吧？」

這時一輛警車從大門駛了進來，姜刑警和麗娜下了車，羅迪大聲的打著招呼。

「喔，姜刑警、麗娜，怎麼來了呢？」

「進去再說吧！」姜刑警說。

車禮祿和羅迪、羅家兄弟及麗娜一起坐在客廳的沙發上，姜刑警從帶來的資料袋中拿出一張紙。

「車禮祿在地下室的書桌抽屜裡找到羅會長的遺囑，應該是他擔心突然發生什麼事，所以先寫下來的吧！」

羅台豐拍了膝蓋一下，大聲的說：

「我就知道會這樣！我就知道爸爸會把所有的財產都給我！」

「哥，閉上你的嘴。姜刑警，請唸出來。」羅藝敏說。

姜刑警宣讀了遺囑的內容。

「立遺囑人羅標石，首先，為了年輕時就忠心照顧我的麗娜，我

會全力支持她的大學學費和即將展開的新生活。」

聽了這段話的麗娜流下了眼淚。

「會長……」

羅台豐露出不耐煩的表情。

「好了！快唸我們的部分！」

姜刑警繼續念：

「我的孩子們，多虧我這個不錯的爸爸，你們到現在可以過得很好。可是在應該跟家人團聚的日子裡，你們連個影子也看不到。未來的日子裡，希望你們能夠靠自己的力量生活。」

羅台豐和羅藝敏絕望的尖叫起來，姜刑警繼續讀著。

「我所有的財產將用來幫助貧困的孩子，這件事就交給比起兩個哥哥好一點的老么來做了。」

羅順海含著淚點點頭。

「好的，爸爸，我將完成您的願望。」

姜刑警將遺書摺好，羅迪起身問著姜刑警。

「沒有提到姪子的部分嗎？我的部分……」

「是的，我全部讀完了，我先告辭了。」

姜刑警把遺書放到袋子裡，和麗娜出去了。車禮祿靠近羅迪，向

前拍了拍他的腰。

「你不是說對這些財產沒有興趣嗎？法貝熱彩蛋也會被用來做善事，這樣很好啊！」

羅迪欲哭無淚的說：

「應該要用在我的身上……我從現在開始不吃蛋了啦！」

羅迪、羅台豐和羅藝敏都痛苦地抱著頭。

車禮祿解開謎團最關鍵的科學知識

〈物質的變化〉

我們周圍的所有物體都是由物質組成的。但是從外太空來的物質中，也有一種非常珍貴的東西，就是水。當隕石墜落地球時，隕石上凝結的冰塊因為熔化，而形成了我們今天看到的的海洋。

隨著溫度和氣壓的變化，水的狀態是會改變的。液態的水在溫度降到攝氏 0 度以下時，會變成堅硬的冰塊，溫度越低，密度會稍微變大而越堅硬。

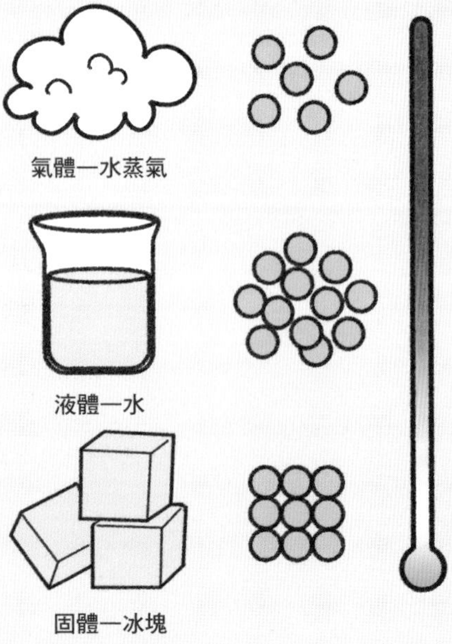

一大氣壓下，當溫度升至攝氏 100 度時，水就會開始沸騰。水沸騰的時候，就會快速汽化成水蒸氣。當物質堅硬時是固體，流動的狀態稱為液體，可擴散與可壓縮的稱為氣體。當水是固體時，它就是冰塊；水是液體時稱為液態水，成為氣體時稱為水蒸氣。

物質以固體、液體、氣體這三種狀態存在，還有另一種等離子體。氣體持續加熱的話，會產生離子化的氣體。如果把日光燈或霓虹燈通電，內部的氣體就會變成等離子的狀態而發光。下雨時能看到的閃電或北極的極光也是因為等離子體發出的光。

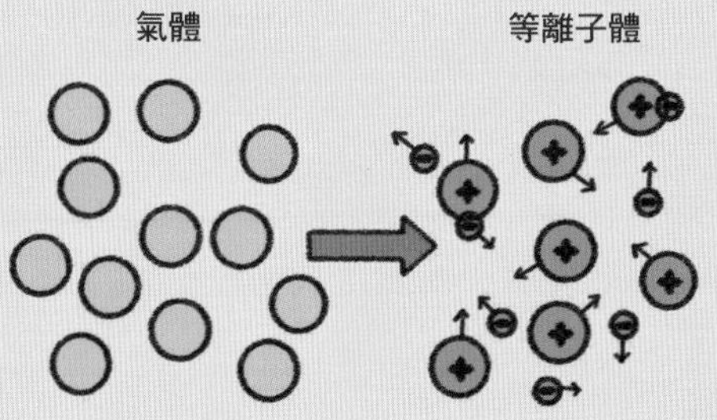

熱對物質的變化，包括加熱固體時會變成液體，液體加熱時就會變成氣體。相反的，如果降低氣體的溫度，它就會變成液體；降低液體的溫度時，它就會變成固體。其中，氣體隨著溫度增加，分子就越活躍，那麼在相同的體積中，氣體的量就減少了，它們互相推擠，變得很活潑，分子間不是密集的，而是稀疏的。地球對於地面上物體的吸引力，也就是重力。比起稀疏的氣體，密集的氣體會因為重力而下沉，稀疏的氣體就會被密集的氣體往上推。所以加熱氣體時，它會上升；氣體變冷時，就會往下沉。

讓我們看一個例子。熱氣球的原理是在氣球內部加熱，讓它能飛到空中。受熱的空氣變得更活躍，使得體積膨脹。分子間變得稀疏，若是空間不密閉，就可能會跑到氣球外。氣球內部的空氣變得稀疏，讓周圍分布密集的空氣可以往上推。

相反的，乾冰昇華會將外界空氣中的水蒸氣冷凝成密度較大的小霧滴，所以往下沉。

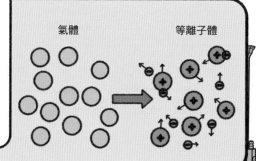

〈聲音的傳播〉

某人說話時，聲音會傳到另一個人的耳朵裡。當我們說話時，空氣從肺部出來，喉嚨裡的聲帶會振動。聲帶振動會產生聲波並透過空氣，傳播到其他人的耳朵。聲音在水裡、隔著牆都可以被傳遞。固體、液體、氣體三種形態都可以幫忙傳遞聲音。

在科幻電影中，常可看到太空船飛在外太空發出巨大聲音的畫面。可是外太空沒有空氣，所以聲音是無法傳遞的。外太空無法產生任何聲音，但是看電影的時候，如果沒有聲音就會不夠精采，所以很多時候是不得不放聲音進去。

吸入氦氣時，聲音會變得很奇怪。聲音粗的人如果吸了氦氣，就會變成細細的高音。氦氣的密度比我們周圍的空氣還要低。在相同的體積中，存在的氦氣重量比空氣還要少，所以在氣球裡放入氦氣的話，氣球就會往上飄，這是因為氦氣的密度比空氣小，所以重量比較輕。這和熱氣球上升是一樣的原理。

〈鏡像雙胞胎〉

母親的子宮中只有一個卵子受孕著床所產下的雙胞胎，稱為同卵雙胞胎；當著床兩個卵子時，稱為異卵雙胞胎。異卵雙胞胎的外貌、性別可能不一樣，但同卵雙胞胎是一樣的。隨著成長的過程，同卵雙胞胎有時也會變得不太一樣。

同卵雙胞胎中，也有鏡像雙胞胎，左右兩邊像照鏡子一樣，一個是右撇子，另一個是左撇子。當卵子在受精過程的後期分裂時，比較容易出現鏡像雙胞胎，但是鏡像雙胞胎非常罕見。

同卵雙胞胎普莉絲可娃姊妹曾在女子職業網球大賽（WTA）中展開對決。姊姊克莉絲緹娜左手拿著網球拍，妹妹卡羅利娜右手拿著網球拍。

GPS（Global Positioning System，全球定位系統）

GPS 是接收從衛星發出的信號，並確定拿著接收器的人的位置，是一種衛星導航系統。地球周圍有很多人造衛星在運轉，GPS 透過接收器，最少只需四顆衛星，就能迅速確定使用者在地球上所處的位置及海拔高度。所能接收到的衛星訊號數越多，解碼出來的位置就越精確。因為是利用時間差定位，所以也能精準校正時間。

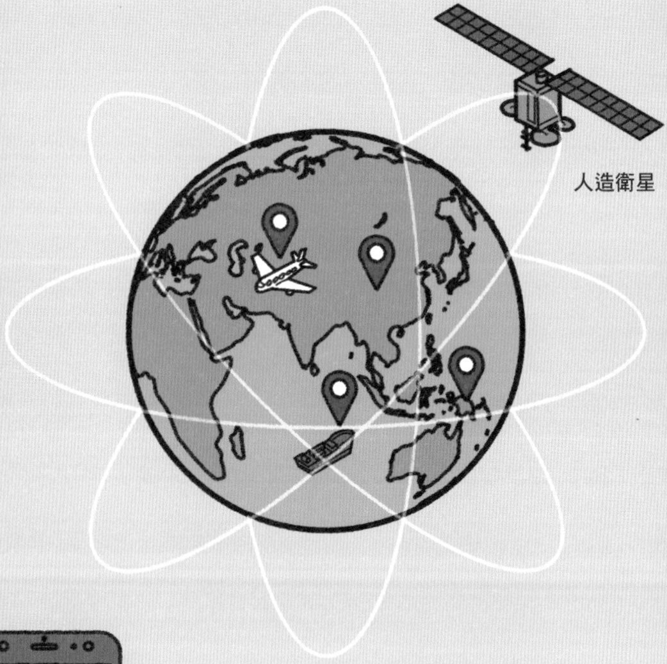

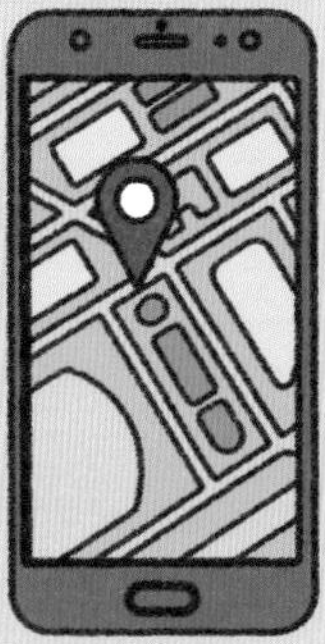

GPS 用於掌握飛機或船的位置，可以避免互相碰撞的大型事故。在道路橋梁工程中，有效提高建設過程中的測量精度，減少施工中出現的誤差。除此之外，GPS 在各個領域的使用也越來越多了。

故事館 023

科學天才小偵探5：誰偷了法貝熱彩蛋

꼬마탐정 차례로 거울 속의 이스터 에그

作　　者　金容俊 김용준
繪　　者　崔善惠 최선혜
譯　　者　吳佳音
語文審訂　張銀盛（臺灣師大國文碩士）
責任編輯　李愛芳
封面設計　張天薪
內頁設計　連紫吟．曹任華

出版發行　采實文化事業股份有限公司
童書行銷　張惠屏．侯宜廷．林佩琪．張怡潔
業務發行　張世明．林踏欣．林坤蓉．王貞玉
國際版權　鄒欣穎．施維真．王盈潔
印務採購　曾玉霞．謝素琴
會計行政　許俽瑀．李韶婉．張婕莛
法律顧問　第一國際法律事務所　余淑杏律師
電子信箱　acme@acmebook.com.tw
采實官網　www.acmebook.com.tw
采實臉書　www.facebook.com/acmebook01
采實童書粉絲團　www.facebook.com/acmestory

ISBN　978-626-349-325-4
定　　價　340 元
初版一刷　2023 年 7 月
劃撥帳號　50148859
劃撥戶名　采實文化事業股份有限公司
104台北市中山區南京東路二段95號9樓
電話：(02)2511-9798　傳真：(02)2571-3298

國家圖書館出版品預行編目資料

科學天才小偵探. 5, 誰偷了法貝熱彩蛋 / 金容俊作 ; 崔善惠繪 ; 吳佳音譯 .-- 初版 .-- 臺北市 : 采實文化事業股份有限公司 ,2023.07
176 面 ; 14.8×21 公分 . -- (故事館 ; 23)
譯自 : 꼬마탐정 차례로 거울 속의 이스터 에그
ISBN 978-626-349-325-4(平裝)

1.CST: 科學 2.CST: 通俗作品
307.9　112008236

線上讀者回函

立即掃描 QR Code 或輸入下方網址，連結采實文化線上讀者回函，未來會不定期寄送書訊、活動消息，並有機會免費參加抽獎活動。

https://bit.ly/37oKZEa

采實出版集團
ACME PUBLISHING GROUP